RÉSOLUTION GÉNÉRALE

DES

ÉQUATIONS TRINOMES

PAR

J. TETMAYER DE PRZERWA

PARIS

IMPRIMERIE CUSSET ET Cᵉ

26, RUE RACINE, 26

1872

RÉSOLUTION GÉNÉRALE

DES

ÉQUATIONS TRINOMES

17666

RÉSOLUTION GÉNÉRALE

DES

ÉQUATIONS TRINOMES

PAR

J. TETMAYER DE PRZERWA

PARIS

IMPRIMERIE CUSSET ET CIE

26, RUE RACINE, 26

—

1872

AVANT-PROPOS

J'ai renoncé à m'occuper des mathématiques vers le milieu de l'année 1861.

Les exigences de ma position m'ont imposé cette détermination bien douloureuse pour moi. Depuis cette époque, j'ai voué à l'oubli tout ce que j'avais fait jusqu'alors, et j'ai cessé même complétement de m'intéresser à ce qui se passe dans les régions de la science.

Cependant je ne pouvais rester entièrement indifférent aux jugements portés sur mes propres travaux ; et lorsque, tout récemment, je fus averti qu'il en existait une mention dans le *Traité d'Algèbre* de M. Laurent, je me suis procuré le livre.

L'auteur a bien raison de dire que les formules données par plusieurs géomètres pour le développement des racines des équations numériques offrent rarement des résultats satisfaisants. Mais les formules que j'ai publiées en 1853 n'avaient pas cette destination. Elles indiquent seulement les opérations à l'aide desquelles on peut obtenir celles qui expriment directement les racines d'une équation.

Lorsqu'en 1852 je suis parvenu à les établir, je m'en suis immé-
tement servi pour dresser les formules applicables à la résolution des
équations trinômes. Ce travail ayant été heureusement et assez
promptement terminé, j'ai abordé les équations à quatre termes.
Mais là, en cherchant à aboutir à des solutions aussi simples que
celles que j'avais obtenues pour les équations trinômes, j'ai rencontré
des difficultés plus sérieuses. J'ai vu que l'étendue de la besogne que
j'entreprenais était hors de toute proportion avec le peu de temps
qu'il m'était permis d'y consacrer, et j'y ai renoncé. Et c'est alors
seulement qu'en considérant tout ce qui était déjà fait pour les équations trinômes comme le commencement d'un travail inachevé, je
me suis décidé à publier les formules générales seules.

Bien des années se sont écoulées, et il n'en a été fait aucun usage.

Il est vrai que ces formules étaient très-peu connues ; car, d'un
commun accord, MM. les auteurs des différents traités d'analyse qui
ont été publiés depuis se sont constamment abstenus de les repro-
duire.

D'ailleurs, il n'était guère possible qu'elles fussent employées
très-utilement, du moment que leur véritable destination restait
inaperçue.

J'ai donc pensé que je ne devais pas hésiter à faire connaître ce
qu'a produit une première application de ces formules ; et ayant re-
trouvé dans une liasse de vieux papiers les feuilles qui en conte-
naient les résultats, j'apporte ici ce que j'ai fait en 1852.

La science acquiert ainsi un fait analytique dont l'utilité pratique ne saurait être aucunement contestée. Elle en sera redevable à M. Laurent; car, certes, ce travail, abandonné depuis une vingtaine d'années, n'aurait jamais vu le jour, si je n'avais été en quelque sorte mis en demeure de m'expliquer et de fournir une preuve à l'appui de ce que j'avance.

Paris, le 3 novembre 1872.

RÉSOLUTION GÉNÉRALE

DES

ÉQUATIONS TRINOMES

I

FORMULES GÉNÉRALES POUR LE DÉVELOPPEMENT
DES FONCTIONS IMPLICITES.

1. Soit

(1) $$\varphi(x) = 0$$

l'équation donnée pour la détermination de x.

Je suppose d'abord qu'on l'ait mise sous la forme

(2) $$X + U = 0,$$

où je représente par X une fonction de x telle, que les racines de l'é-quation

$$X = 0$$

soient les limites vers lesquelles convergent autant de racines de l'équa-tion (1); lorsque U tend à s'annuler.

Donc, si a est une racine de l'équation $X = 0$, la racine correspondante de l'équation (2) sera

$$x = a + \zeta,$$

ζ s'annulant avec U.

Ensuite, pour établir une formule applicable au développement de la racine $a + \zeta$ dans tous les cas qui peuvent se présenter, je suppose la fonction X formée de telle manière que l'équation $X = 0$ n'ait pas de racines nulles ni infinies. Dans cette hypothèse, U sera généralement fonction de x.

Considérant enfin l'équation (2) comme cas particulier de celle-ci

$$(3) \qquad X + zU = 0,$$

j'observe que zU s'annulant aussi bien pour $z = 0$ que pour $U = 0$, il faut qu'il en soit de même de ζ, et que par suite la racine $a + \zeta$ sera développable en série procédant suivant les puissances ascendantes de z qui a ici l'unité pour valeur.

Cela posé, je conclus

$$x = a + x'_0 + \frac{x''_0}{1.2} + \cdots \frac{x_0^{(n)}}{1.2\ldots n} + \int_0^1 \frac{(1-z)^n}{1.2\ldots n} x^{(n+1)} dz,$$

et il ne reste plus qu'à trouver la loi des valeurs x'_0, x''_0,..., que prennent les dérivées de x pour $z = 0$.

Pour cela, remarquons que, dans la supposition $z = 0$, X et U deviennent fonctions de a, ce que je désignerai par X_a et U_a, et prenons, par rapport à z, la dérivée de l'équation (3). Il vient

$$(4) \qquad X'x' + zU'x' + U = 0;$$

d'où

$$x' = -\frac{U}{X'} - \frac{zU'}{X'} x',$$

et

$$x'_0 = -\frac{U_a}{X'_a}.$$

On peut écrire les dérivées ultérieures de x comme il suit :

$$x'' = -\frac{2U'X' - UX''}{X'^2} x' - zD_z\left[\frac{U'}{X'} x'\right],$$

$$x''' = -D_z\left[\frac{3U'X' - UX''}{X'^2} x'\right] - zD_z^2\left[\frac{U'}{X'} x'\right],$$

$$x^{IV} = -D_z^2\left[\frac{4U'X' - UX''}{X'^2} x'\right] - zD_z^3\left[\frac{U'}{X'} x'\right],$$

$$\cdots \cdots \cdots \cdots \cdots \cdots \cdots$$

$$x^{(n)} = -D_z^{n-2}\left[\frac{nU'X' - UX''}{X'^2} x'\right] - zD_z^{n-1}\left[\frac{U'}{X'} x'\right];$$

dont la dernière, à cause de

$$\frac{nU'X' - UX''}{X'^2} = \frac{\left(\dfrac{U^n}{X'}\right)'}{U^{n-1}},$$

peut aussi recevoir la forme

$$x^{(n)} = D_z^{n-2}\left[\frac{\left(\dfrac{U^n}{X'}\right)'}{U^{n-1}} x'\right] - z\theta,$$

θ désignant ce qui s'annule avec z.

Nous aurons, par conséquent, pour $n = 2$,

$$x'' = -\frac{\left(\dfrac{U^2}{X'}\right)'}{U} x' - z\theta,$$

$$x_0'' = -\frac{\left(\dfrac{U_a^2}{X_a'}\right)'}{U_a} x_0',$$

et, substituant à x_0' sa valeur,

$$x_0'' = \frac{\left(\dfrac{\bar{U}_a^2}{X_a'}\right)'}{X_a'}.$$

Pour $n = 3$, il vient

$$x'' = -\left(\frac{\left(\frac{U^3}{X'}\right)'}{U^2}\right)' x'^2 - \frac{\left(\frac{U^3}{X'}\right)'}{U^2} x'' - z\theta,$$

$$x_0''' = -\left(\frac{\left(\frac{U_a^3}{X_a'}\right)'}{U_a^2}\right)' x_0'^2 - \frac{\left(\frac{U_a^3}{X_a'}\right)'}{U_a^2} x_0'';$$

et quand on remplace x_0' et x_0'' par leurs valeurs, on obtient

$$x_0''' = -\frac{\left(\dfrac{\left(\frac{U_a^3}{X_a'}\right)'}{U_a^2}\right)' \dfrac{U_a^2}{X_a'} + \dfrac{\left(\frac{U_a^3}{X_a'}\right)'}{U_a^2}\left(\dfrac{U_a^2}{X_a'}\right)'}{X_a'},$$

$$x_0''' = -\frac{\left(\dfrac{\left(\frac{U_a^3}{X_a'}\right)'}{X_a'}\right)'}{X_a'}.$$

D'après cela, on aurait pour $n = n$,

$$x_0^{(n)} = (-1)^n \frac{\left(\dfrac{\left(\dfrac{\left(\frac{U_a^n}{X_a'}\right)'}{X_a'}\right)'}{\vdots}\right)'}{X_a'}.$$

Vérifions ce résultat en déterminant directement ce que devient pour $z = 0$ la dérivée

$$x^{(n)} = -D_z^{n-2}\left[\frac{\left(\frac{U^n}{X'}\right)'}{U^{n-1}} x'\right] - z\theta.$$

Pour plus de simplicité, je ferai

$$\left(\frac{U^n}{X'}\right)' = Q.$$

Ayant égard à la valeur

$$x' = -\frac{U}{X'} + \frac{zU'U}{X'^2} - \frac{z^2U'^2U}{X'^3} + \cdots,$$

on trouve :

1° En substituant cette expression de x' dans $x^{(n)}$,

$$x^{(n)} = D_z^{n-2}\left[\frac{Q}{U^{n-2}X'} - \frac{zQU'}{U^{n-2}X'^2} + \frac{z^2QU'^2}{U^{n-2}X'^3} - z^3\theta_1\right];$$

2° Différentiant, substituant de nouveau et réduisant,

$$x^{(n)} = D_z^{n-3}\left[\left(\frac{Q}{U^{n-2}X'}\right)'x' - \frac{QU'}{U^{n-2}X'^2} - z\left(\left(\frac{QU'}{U^{n-2}X'^2}\right)'x' - \frac{2QU'^2}{U^{n-2}X'^3}\right) + z^2\theta_2\right],$$

$$x^{(n)} = D_z^{n-3}\left\{-\frac{\left(\frac{Q}{U^{n-2}X'}\right)'U + \frac{Q}{U^{n-2}X'}U'}{X'} + z\left(\frac{\left(\frac{Q}{U^{n-2}X'}\right)'U + \frac{Q}{U^{n-2}X'}U'}{X'^2}U' + \frac{\left(\frac{QU'}{U^{n-2}X'^2}\right)'U + \frac{QU'}{U^{n-2}X'^2}U'}{X'}\right) - z^2\theta_3\right\},$$

$$x^{(n)} = D_z^{n-3}\left[-\frac{\left(\frac{Q}{U^{n-3}X'}\right)'}{X'} + z\left(\frac{\left(\frac{Q}{U^{n-3}X'}\right)'}{X'^2}U' + \frac{\left(\frac{QU'}{U^{n-3}X'^2}\right)'}{X'}\right) - z^2\theta_3\right];$$

3° Répétant ces mêmes opérations,

$$x^{(n)} = D_z^{n-4}\left[-\left(\frac{\left(\frac{Q}{U^{n-3}X'}\right)'}{X'}\right)'x' + \frac{\left(\frac{Q}{U^{n-3}X'}\right)'}{X'^2}U' + \frac{\left(\frac{QU'}{U^{n-3}X'^2}\right)'}{X'} + z\theta_4\right],$$

$$x^{(n)} = D_z^{n-4}\left[\frac{\left(\frac{\left(\frac{Q}{U^{n-3}X'}\right)'}{X}\right)'U + \frac{\left(\frac{Q}{U^{n-3}X'}\right)'}{X'}U' + \left(\frac{QU'}{U^{n-3}X'}\right)'}{X'} - z\theta_5\right],$$

$$x^{(n)} = D_z^{n-4}\left[\frac{\left(\frac{\left(\frac{Q}{U^{n-3}X'}\right)'U + \frac{Q}{U^{n-3}X'}U'}{X'}\right)'}{X'} - z\theta_5\right];$$

$$x^{(n)} = D_z^{n-4} \left[\frac{\left(\frac{\left(\frac{Q}{U^{n-4}X'} \right)'}{X'} \right)'}{X'} - z\theta_5 \right].$$

D'où l'on voit, qu'après $n-4$ différentiations qui restent à faire, U disparaîtra, et qu'on aura

$$x^{(n)} = (-1)^n \frac{\left(\frac{\left(\frac{\left(\frac{Q}{X'} \right)'}{X'} \right)'}{\vdots} \right)'}{X'} + z\theta,$$

où θ désigne tout ce qui s'annule avec z.

Restituons maintenant à Q sa valeur, et faisons $z = 0$; nous aurons

$$x_0^{(n)} = (-1)^n \frac{\left(\frac{\left(\frac{\left(\frac{U_a^n}{X_a'} \right)'}{X_a'} \right)'}{\vdots} \right)'}{X_a'},$$

comme ci-dessus.

Le terme général de la série sera, par conséquent,

$$(-1)^n \frac{\left(\frac{\left(\frac{\left(\frac{U_a^n}{X_a'} \right)'}{2X_a'} \right)'}{\vdots} \right)'}{nX_a'},$$

et l'intégrale

$$\int_0^1 \frac{(1-z)^n}{1.2\ldots n} x^{(n+1)} dz,$$

qui exprime son reste, devient

$$-\int_0^1 \frac{(1-z)^n}{1.2\ldots n} D_z^n \left[\frac{U}{X' + zU'} \right] dz,$$

lorsqu'on y porte la valeur qu'offre pour x' l'équation (4).

Nous obtenons ainsi, pour le développement de la racine $a + \zeta$, définie par l'équation (2), cette formule très-simple

$$x = a - \frac{U'_a}{X'_a} + \frac{\left(\frac{U^2_a}{X'_a}\right)'}{2X'_a} - \ldots + (-1)^n \frac{\left(\left(\frac{\left(\frac{U^n_a}{X'_a}\right)'}{2X'_a}\right)'}{\vdots}\right)'}{nX'_a} - \int_0^1 \frac{(1-z)^n}{1.2\ldots n} D_z^n \left[\frac{U}{X' + zU'}\right] dz.$$

2. Au moyen de ce qui précède, on établit très-aisément une autre formule, qui donne le développement d'une fonction quelconque $F(x)$ de la racine

$$x = a + \zeta.$$

La série sera évidemment de la forme

$$F(x) = F_a + D_z F_a + \frac{D_z^2 F_a}{1.2} + \ldots + \frac{D_z^n F_a}{1.2\ldots n} + \int_0^1 \frac{(1-z)^n}{1.2\ldots n} D_z^{n+1} F(x) dz,$$

où $F_a, D_z F_a, \ldots$, désignent les valeurs qu'acquièrent $F(x)$ et ses dérivées prises par rapport à z, lorsque pour $z = 0$ elles deviennent fonctions de a.

Pour trouver la loi de ces valeurs, déterminons la dérivée $D_z^n F(x)$. On aura d'abord

$$D_z F(x) = F'(x) x',$$

et, par suite de $x' = -\dfrac{X'}{U} - \dfrac{zU'}{X'} x'$,

$$D_z F(x) = -\frac{F'(x)U}{X'} - \frac{zF'(x)U'}{X'} x'.$$

Faisons maintenant, pour abréger, $F'(x) = F'$, et, en suivant la même marche que ci-dessus, écrivons

$$D_z^2 F(x) = -\frac{(2F'U' + F''U)X' - F'UX''}{X'^2} x' - zD_z\left[\frac{F'U'}{X'} x'\right],$$

$$D_z^3 F(x) = -D_z\left[\frac{(3F'U' + F''U)X' - F'UX''}{X'^2} x'\right] - zD_z^2\left[\frac{F'U'}{X'} x'\right],$$

$$\cdots\cdots\cdots\cdots\cdots\cdots\cdots,$$

$$D_z^n F(x) = -D_z^{n-2}\left[\frac{(nF'U' + F''U)X' - F'UX''}{X'^2} x'\right] - zD_z^{n-1}\left[\frac{F'U'}{X'} x'\right].$$

Il en résulte que

$$D_x^n F(x) = - D_z^{n-2} \left[\frac{\left(\frac{F'U^n}{X'}\right)'}{U^{n-1}} x' \right] - z\theta.$$

Donc, si dans la formule

$$(-1)^n \frac{\left(\frac{\left(\frac{\left(\frac{Q}{X'}\right)'}{X'}\right)'}{\vdots}\right)'}{X'} + z\theta,$$

établie plus haut, on remplace Q par $\left(\frac{F'U^n}{X'}\right)'$, et qu'on fasse ensuite $z = 0$, on aura

$$D_z^n F_a = (-1)^n \frac{\left(\frac{\left(\frac{\left(\frac{F_a' U_a^n}{X_a'}\right)'}{X_a'}\right)'}{\vdots}\right)'}{X_a};$$

ce qui donne, pour le développement de la fonction $F(x)$, la formule

$$F(x) = F_a - \frac{F_a' U_a}{X_a'} + \frac{\left(\frac{F_a' U_a^2}{X_a'}\right)'}{2X_a'} - \dots + (-1)^n \frac{\left(\frac{\left(\frac{\left(\frac{F_a' U_a^n}{X_a'}\right)'}{2X_a'}\right)'}{\vdots}\right)'}{nX_a}$$

$$- \int_0^1 \frac{(1-z)^n}{1.2\dots n} D_z^n \left[\frac{F'U}{X' + zU'} \right] dz.$$

La supposition $F(x) = x$ réduit cette formule à la précédente ; mais pour plus de commodité dans les applications, il importe de conserver séparément les deux formules.

———

II

RÉSOLUTION GÉNÉRALE DES ÉQUATIONS TRINOMES.

3. Soit

(5)
$$x^{\alpha} + px^{\beta} + q = 0$$

une équation trinôme où p et q représentent des quantités réelles, α et β des exposants entiers positifs et α un nombre plus grand que β.

Supposons en premier lieu que les racines de cette équation varient sans discontinuité lorsqu'on fait décroître le module de p, à partir de sa valeur donnée jusqu'à zéro. Elles auront alors la propriété commune de converger vers les valeurs des racines de l'équation

$$x^{\alpha} + q = 0$$

lorsque le module de p convergera vers zéro.
Je fais par conséquent

$$X = x^{\alpha} + q, \quad U = px^{\beta},$$

ce qui donne d'abord

$$a = (-q)^{\frac{1}{\alpha}},$$

2*.

puis

$$U_a = p(-q)^{\frac{\beta}{\alpha}}, \quad X'_a = \alpha(-q)^{\frac{\alpha-1}{\alpha}},$$

etc., etc.; et l'on obtient ainsi le développement

(A) $x = (-q)^{\frac{1}{\alpha}} - \dfrac{p}{\alpha(-q)^{\frac{\alpha-\beta-1}{\alpha}}} - \dfrac{(\alpha-2\beta-1)p^2}{2\alpha^2(-q)^{\frac{2(\alpha-\beta)-1}{\alpha}}} - \dfrac{(\alpha-3\beta-1)(2\alpha-3\beta-1)p^3}{2.3\alpha^3(-q)^{\frac{3(\alpha-\beta)-1}{\alpha}}}$

$\qquad - \dfrac{(\alpha-4\beta-1)(2\alpha-4\beta-1)(3\alpha-4\beta-1)p^4}{2.3.4\alpha^4(-q)^{\frac{4(\alpha-\beta)-1}{\alpha}}}$

$\qquad - \ldots \dfrac{(\alpha-n\beta-1)(2\alpha-n\beta-1)\ldots((n-1)\alpha-n\beta-1)p^n}{2.3.4\ldots n\alpha^n(-q)^{\frac{n(\alpha-\beta)-1}{\alpha}}} - R_{n-1}.$

Ce développement aura donc lieu pour tout module de p inférieur à celui qui rend discontinue la fonction x en introduisant une racine multiple dans l'équation (5).

Quand une équation a une racine multiple, elle se trouve aussi dans sa dérivée. En opérant sur l'équation (5) écrite d'abord comme ci-dessus

$$x^\alpha + px^\beta + q = 0$$

et mise ensuite sous la forme

$$x^{\alpha-\beta} + p + \frac{q}{x^\beta} = 0,$$

on obtient pour sa dérivée les deux expressions différentes

$$\alpha x^{\alpha-1} + \beta p x^{\beta-1} = 0,$$

$$(\alpha - \beta)x^{\alpha-\beta-1} - \frac{\beta q}{x^{\beta+1}} = 0,$$

dont la première donne

$$x_0 = \left(-\frac{\beta p}{\alpha}\right)^{\frac{1}{\alpha-\beta}},$$

et la seconde

$$x_0 = \left(\frac{\beta q}{\alpha-\beta}\right)^{\frac{1}{\alpha}}.$$

Il s'ensuit

$$\left(-\frac{\beta p}{\alpha}\right)^{\frac{1}{\alpha-\beta}} = \left(\frac{\beta q}{\alpha-\beta}\right)^{\frac{1}{\alpha}};$$

d'où l'on tire

$$p = -\frac{\alpha q^{\frac{\alpha-\beta}{\alpha}}}{\beta^{\alpha}(\alpha-\beta)^{\frac{\alpha-\beta}{\alpha}}}$$

La formule (A) sera donc applicable toutes les fois que le module de p remplira la condition

$$\operatorname{mod} p < \operatorname{mod} - \frac{\alpha q^{\frac{\alpha-\beta}{\alpha}}}{\beta^{\alpha}(\alpha-\beta)^{\frac{\alpha-\beta}{\alpha}}}.$$

4. Il s'agit maintenant de constater la convergence de la série par la loi de ses termes et d'établir la limite du reste R_{n+1}.

On y parvient aisément en observant que dans une série dont les termes, tout en admettant différentes variations de signes, dérivent chacun de celui qui le précède, suivant la même loi, si l'on a

$$\lim \frac{t_{n+1}}{t_n} = k,$$

on aura aussi

$$\lim \frac{t_{n+2}}{t_{n+1}} = k,$$

$$\lim \frac{t_{n+3}}{t_{n+2}} = k,$$

$$\vdots$$

$$\lim \frac{t_{n+\alpha}}{t_{n+\alpha-1}} = k,$$

et que par conséquent le produit des rapports ci-dessus, qui sont au nombre de α, aura pour limite k^α. Et dès lors, ayant trouvé

$$\lim \frac{t_{n+\alpha}}{t_n} = k^\alpha,$$

il ne reste qu'à faire

$$\lim \frac{t_{n+1}}{t_n} = (k^\alpha)^{\frac{1}{\alpha}}.$$

Ainsi, quand on écrit le terme $t_{n+\alpha}$ comme il suit :

$$t_{n+\alpha} = \frac{\begin{array}{c}(\alpha-(n+\alpha)\beta-1)(2\alpha-(n+\alpha)\beta-1)\ldots(\beta\alpha-(n+\alpha)\beta-1)((\beta+1)\alpha-(n+\alpha)\beta-1)\\ \ldots([n+\alpha-(\alpha-\beta+1)]\alpha-(n+\alpha)\beta-1)([n+\alpha-(\alpha-\beta)]\alpha-(n+\alpha)\beta-1)\\ \ldots((n+\alpha-1)\alpha-(n+\alpha)\beta-1)p^{n+\alpha}\end{array}}{2.3\ldots n(n+1)\ldots(n+\alpha)\alpha^{n+\alpha}(-q)^{\frac{(n+\alpha)(\alpha-\beta)-1}{\alpha}}}$$

on voit que ses facteurs

$$((\beta+1)\alpha-(n+\alpha)\beta-1)\ldots([n+\alpha-(\alpha-\beta+1)]\alpha-(n+\alpha)\beta-1)$$

sont identiques avec les facteurs

$$(\alpha-n\beta-1)\ldots((n-1)\alpha-n\beta-1)$$

du terme t_n. On voit aussi, sur-le-champ, que le numérateur du rapport

$$\frac{t_{n+\alpha}}{t_n} = \frac{\big(\alpha - (n+\alpha)\beta - 1\big)\dots\big(\beta\alpha - (n+\alpha)\beta - 1\big)\big([n+\alpha - (\alpha-\beta)]\alpha - (n+\alpha)\beta - 1\big)}{\dots\big((n+\alpha-1)\alpha - (n+\alpha)\beta - 1\big)p^\alpha} \over (n+1)\dots(n+\alpha)\alpha^\alpha(-q)^{\alpha-\beta}}$$

contient β facteurs qui convergent vers $-n\beta$, et $\alpha - \beta$ autres qui tendent vers $n(\alpha - \beta)$ lorsqu'on attribue à n des valeurs de plus en plus grandes; et comme dans la même hypothèse α facteurs du dénominateur convergent vers n, on a évidemment

$$\lim \frac{t_{n+\alpha}}{t_n} = \frac{(-\beta)^\beta(\alpha - \beta)^{\alpha-\beta}p^\alpha}{\alpha^\alpha(-q)^{\alpha-\beta}};$$

d'où l'on conclut

$$\lim \frac{t_{n+1}}{t_n} = \frac{(-\beta)^{\frac{\beta}{\alpha}}(\alpha - \beta)^{\frac{\alpha-\beta}{\alpha}}p}{\alpha(-q)^{\frac{\alpha-\beta}{\alpha}}}.$$

Le développement que nous considérons sera donc convergent lorsqu'on aura

$$\operatorname{mod} \frac{(-\beta)^{\frac{\beta}{\alpha}}(\alpha - \beta)^{\frac{\alpha-\beta}{\alpha}}p}{\alpha(-q)^{\frac{\alpha-\beta}{\alpha}}} < 1,$$

ce que nous avons trouvé déjà par une autre voie.

Les applications de la formule (A) fournissent le plus souvent des séries qui procèdent par groupes de termes séparés par un terme nul. Si l'on désigne par $G(t_{n+m})$ le groupe

$$t_{n+1} + t_{n+2} + \dots t_{n+m}$$

où $t_{n+m} = 0$, on aura, d'après ce qui précède, la relation

$$R_{n+1} < \frac{G(t_{n+m})}{1 \mp \mathrm{mod}\left(\dfrac{(-\beta)^{\frac{\beta}{\alpha}}\,(\alpha - \beta)^{\frac{\alpha-\beta}{\alpha}}\,p}{\alpha(-q)^{\frac{\alpha-\beta}{\alpha}}}\right)^m},$$

qui subsistera pour $m = 1$. Le signe supérieur, dans le dénominateur de cette expression, s'applique au cas où les valeurs des groupes consécutifs conservent un même signe, tandis que le signe inférieur répond à celui où elles sont alternativement positives et négatives.

Au moyen de ce qui vient d'être établi, on écrira sans difficulté la limite du reste R_{n+1} pour les séries qui donnent les racines imaginaires de l'équation (5).

5. En mettant dans la formule (A), à la place de $(-q)^{\frac{1}{\alpha}}$, successivement toutes les valeurs qu'admet l'expression

$$(-q)^{\frac{1}{\alpha}}\left(\cos\frac{2k\pi}{\alpha} + \sqrt{-1}\ \sin\frac{2k\pi}{\alpha}\right),$$

on obtiendra toutes les racines que peut offrir dans l'hypothèse actuelle l'équation (5). Elle aura donc

1° Deux racines réelles si α est pair et q négatif;

2° Une racine réelle si α est impair;

3° Toutes ses racines imaginaires si α est pair et q positif.

EXEMPLES.

1° Équation donnée :

$$x^3 + px + q = 0,$$

$$\frac{p^3}{3^3} < \frac{q^2}{2^2}.$$

Racine réelle unique

$$x = -q^{\frac{1}{3}} + \frac{p}{3q^{\frac{1}{3}}} + 0 - \frac{1.2p^3}{2.3.3^3 q^{\frac{5}{3}}} - \frac{2.1.4\,p^4}{2.3.4.3^4 q^{\frac{7}{3}}} - 0$$

$$+ \frac{4.1.2.5.8\,p^6}{2.3.4.5.6.3^6 q^{\frac{11}{3}}} + \frac{5.2.1.4.7.10\,p^7}{2.3.4.5.6.7.3^7 q^{\frac{13}{3}}} + 0 - \ldots\ldots$$

$$+ \frac{(2-n)(5-n)(8-n)\ldots(2n-4)p^n}{2.3.4\ldots n3^n q^{\frac{2n-1}{3}}} + \ldots.$$

2° Équation donnée :

$$x^4 + px - q = 0,$$

$$\frac{p^4}{4^4} < \frac{q^3}{3^3}.$$

Racine réelle positive

$$x = q^{\frac{1}{4}} - \frac{p}{4q^{\frac{2}{4}}} - \frac{1p^2}{2.4^2 q^{\frac{5}{4}}} - 0 + \frac{1.3.7p^4}{2.3.4.4^4 q^{\frac{11}{4}}} + \frac{2.2.6.10p^5}{2.3.4.5.4^5 q^{\frac{14}{4}}} + \frac{3.1.5.9.13p^6}{2.3.4.5.6.4^6 q^{\frac{17}{4}}}$$

$$+ 0 - \frac{5.1.3.7.11.15.19p^8}{2.3.4.5.6.7.8.4^8 q^{\frac{23}{4}}} - \frac{6.2.2.6.10.14.18.22p^9}{2.3.4.5.6.7.8.9.4^9 q^{\frac{26}{4}}}$$

$$- \frac{7.3.1.5.9.13.17.21.25p^{10}}{2.3.4.5.6.7.8.9.10.4^{10} q^{\frac{29}{4}}} - 0 + \ldots - \frac{(3-n)(7-n)(11-n)\ldots(3n-5)p^n}{2.3.4\ldots\ldots n4^n q^{\frac{3n-1}{4}}} - \ldots$$

Racine réelle négative

$$x = -q^{\frac{1}{4}} - \frac{p}{4q} + \frac{1 p^2}{2.4^2 q^{\frac{5}{4}}} - 0 - \frac{1.3.7 p^4}{2.3.4.4^4 q^{\frac{11}{4}}} + \frac{2.2.6.10 p^5}{2.3.4.5.4^5 q^{\frac{14}{4}}} - \frac{3.1.5.9.13 p^6}{2.3.4.5.6.4^6 q^{\frac{17}{4}}}$$

$$+ 0 + \frac{5.1.3.7.11.15.19 p^8}{2.3.4.5.6.7.8.4^8 q^{\frac{23}{4}}} - \frac{6.2.2.6.10.14.18.22 p^9}{2.3.4.5.6.7.8.9.4^9 q^{\frac{26}{4}}}$$

$$+ \frac{7.3.1.5.9.13.17.21.25 p^{10}}{2.3.4.5.6.7.8.9.10.4^{10} q^{\frac{29}{4}}} - 0 - \ldots \pm \frac{(3-n)(7-n)(11-n)\ldots(3n-5) p^n}{2.3.4\ldots n 4^n q^{\frac{3n-1}{4}}} \mp \ldots$$

3° Équation donnée

$$x^5 + px^2 + q = 0,$$

$$\frac{p^5}{5^5} < \frac{q^3}{2^2.3^3}.$$

Racine réelle unique

$$x = -q^{\frac{1}{5}} - \frac{p}{5q^{\frac{2}{5}}} - 0 + \frac{2.3 p^3}{2.3.5^3 q^{\frac{8}{5}}} - \frac{4.1.6 p^4}{2.3.4.5^4 q^{\frac{11}{5}}}$$

$$- \frac{6.1.4.9 p^5}{2.3.4.5.5^5 q^{\frac{14}{5}}} + \frac{8.3.2.7.12 p^6}{2.3.4.5.6.5^6 q^{\frac{17}{5}}}$$

$$+ 0 - \frac{12.7.2.3.8.13.18 p^8}{2.3.4.5.6.7.8.5^8 q^{\frac{23}{5}}} + \frac{14.9.4.1.6.11.16.21 p^9}{2.3.4.5.6.7.8.9.5^9 q^{\frac{26}{5}}}$$

$$+ \frac{16.11.6.1.4.9.14.19.24 p^{10}}{2.3.4.5.6.7.8.9.10.5^{10} q^{\frac{29}{5}}} - \frac{18.13.8.3.2.7.12.17.22.27 p^{11}}{2.3.4.5.6.7.8.9.10.11.5^{11} q^{\frac{32}{5}}}$$

$$- 0 + \ldots \pm \frac{(4-2n)(9-2n)(14-2n)\ldots(3n-6) p^n}{2.3.4\ldots n 5^n q^{\frac{3n-1}{5}}} \mp \ldots$$

6. Supposons en second lieu que les racines de l'équation (5) varient sans discontinuité lorsqu'on fait décroître le module de q à partir de sa valeur donnée jusqu'à zéro.

Alors q tendant à s'annuler, les racines de l'équation (5) convergeront vers les racines de l'équation

$$x^{\alpha} + px^{\beta} = 0,$$

et seront par conséquent de deux espèces. Pour $q = 0$, les unes, au nombre de $\alpha - \beta$, coïncideront avec les racines de l'équation

$$x^{\alpha - \beta} + p = 0,$$

tandis que les autres, au nombre de β, seront nulles.

Il en résulte l'impossibilité d'exprimer toutes ces racines au moyen d'une même formule. Pour les séparer, je divise d'abord l'équation (5) par x^{β} et, faisant successivement

$$X = x^{\alpha - \beta} + p, \qquad U = \frac{q}{x^{?}},$$

$$a = (-p)^{\frac{1}{\alpha - \beta}},$$

$$U_a = \frac{q}{(-p)^{\frac{\beta}{\alpha - \beta}}}, \qquad X'_a = (\alpha - \beta)(-p)^{\frac{\alpha - \beta - 1}{\alpha - \beta}},$$

etc., etc., j'obtiens la série

$$(B) \qquad x = (-p)^{\frac{1}{\alpha - \beta}} - \frac{q}{(\alpha - \beta)(-p)^{\frac{\alpha - 1}{\alpha - \beta}}} - \frac{(\alpha + \beta - 1)q^2}{2(\alpha - \beta)^2(-p)^{\frac{2\alpha - 1}{\alpha - \beta}}}$$

$$- \frac{(\alpha + 2\beta - 1)(2\alpha + \beta - 1)q^3}{2 . 3 . (\alpha - \beta)^3(-p)^{\frac{3\alpha - 1}{\alpha - \beta}}} - \frac{(\alpha + 3\beta - 1)(2\alpha + 2\beta - 1)(3\alpha + \beta - 1)q^4}{2 . 3 . 4(\alpha - \beta)^4(-p)^{\frac{4\alpha - 1}{\alpha - \beta}}}$$

$$- \dots \frac{(\alpha + (n - 1)\beta - 1)(2\alpha + (n - 2)\beta - 1)\dots((n - 1)\alpha + \beta - 1)q^n}{2 . 3 . 4 \dots n(\alpha - \beta)^n(-p)^{\frac{n\alpha - 1}{\alpha - \beta}}}$$

$$- R_{n+1}.$$

représentant le développement des $\alpha - \beta$ racines qui convergent vers les

3

valeurs des racines de l'équation

$$x^{\alpha-\beta} + p = 0,$$

lorsque q tend vers zéro.

Je divise ensuite par p l'équation (5) et je pose

$$X = x^\beta + \frac{q}{p}, \quad U = \frac{x^\alpha}{p};$$

ce qui donne

$$a = \left(-\frac{q}{p}\right)^{\frac{1}{\beta}},$$

$$U_a = \frac{1}{p}\left(-\frac{q}{p}\right)^{\frac{\alpha}{\beta}}, \quad X'_a = \beta\left(-\frac{q}{p}\right)^{\frac{\beta-1}{\beta}},$$

etc., etc. ; et finalement

$$(C) \quad x = \left(-\frac{q}{p}\right)^{\frac{1}{\beta}} - \frac{1}{\beta p}\left(-\frac{q}{p}\right)^{\frac{\alpha-\beta+1}{\beta}} + \frac{2\alpha-\beta+1}{2\beta^2 p^2}\left(-\frac{q}{p}\right)^{\frac{2(\alpha-\beta)+1}{\beta}}$$

$$- \frac{(3\alpha-\beta+1)(3\alpha-2\beta+1)}{2.3.\beta^3 p^3}\left(-\frac{q}{p}\right)^{\frac{3(\alpha-\beta)+1}{\beta}}$$

$$+ \frac{(4\alpha-\beta+1)(4\alpha-2\beta+1)(4\alpha-3\beta+1)}{2.3.4\beta^4 p^4}\left(-\frac{q}{p}\right)^{\frac{4(\alpha-\beta)+1}{\beta}}$$

$$- \ldots \pm \frac{(n\alpha-\beta+1)(n\alpha-2\beta+1)\ldots(n\alpha-(n-1)\beta+1)}{2.3.4\ldots n\beta^n p^n}\left(-\frac{q}{p}\right)^{\frac{n(\alpha-\beta)+1}{\beta}} \mp R_{n+1},$$

pour l'expression des β autres racines de l'équation (5) qui sont nulles quand q est nul.

Ces deux développements subsisteront donc pour tout module de q inférieur à celui qui rend discontinue la fonction x en introduisant une racine multiple dans l'équation (5).

Il a été établi ci-dessus que dans le cas d'une racine multiple, les paramètres de l'équation (5) offrent la relation

$$\left(-\frac{\beta p}{\alpha}\right)^{\frac{1}{\alpha-\beta}} = \left(\frac{\beta q}{\alpha-\beta}\right)^{\frac{1}{\alpha}}.$$

On tire de là

$$q = (\alpha-\beta)\left(-\frac{\beta^\beta p^\alpha}{\alpha^\alpha}\right)^{\frac{1}{\alpha-\beta}};$$

et l'on a ainsi pour les développements représentés par les formules (B) et (C), la condition

$$\operatorname{mod} q < \operatorname{mod} (\alpha-\beta)\left(-\frac{\beta^\beta p^\alpha}{\alpha^\alpha}\right)^{\frac{1}{\alpha-\beta}}.$$

7. Le moyen dont je me suis servi pour constater la convergence de la formule (A) et établir la limite de son reste, conduit aussi très-aisément à la solution de cette double question pour chacune des formules (B) et (C).

Ainsi, si l'on a

$$\lim \frac{t_{n+1}}{t_n} = k$$

dans la formule (B), on y aura aussi

$$\lim \frac{t_{n+\beta+1}}{t_{n+\beta}} = k.$$

$$\lim \frac{t_{n+\beta+2}}{t_{n+\beta+1}} = k,$$

$$\vdots$$

$$\lim \frac{t_{n+\alpha}}{t_{n+\alpha-1}} = k,$$

et ces derniers rapports étant au nombre de $\alpha - \beta$, on conclut

$$\lim \frac{t_{n+\alpha}}{t_{n+\beta}} = k^{\alpha-\beta};$$

ce qui donne

$$\lim \frac{t_{n+1}}{t_n} = \left(k^{\alpha-\beta}\right)^{\frac{1}{\alpha-\beta}}.$$

Maintenant on peut écrire les termes $t_{n+\beta}$ et $t_{n+\alpha}$ comme il suit :

$$t_{n+\beta} = \frac{\begin{array}{c}\left(\alpha+(n+\beta-1)\beta-1\right)\left(\alpha+(n+\beta-1)\beta-1+\alpha-\beta\right)\left(\alpha+(n+\beta-1)\beta-1+2(\alpha-\beta)\right)\\ \dots\left(\alpha+(n+\beta-1)\beta-1+(\beta-1)(\alpha-\beta)\right)\left(\alpha+(n+\beta-1)\beta-1+\beta(\alpha-\beta)\right)\dots\\ \left(\alpha+(n+\beta-1)\beta-1+(n+\beta-2)(\alpha-\beta)\right)q^{n+\beta}\end{array}}{2.3.4\dots(n+\beta)(\alpha-\beta)^{n+\beta}(-p)^{\frac{(n+\beta)\alpha-1}{\alpha-\beta}}},$$

$$t_{n+\alpha} = \frac{\begin{array}{c}\left(\alpha+(n+\alpha-1)\beta-1\right)\left(\alpha+(n+\alpha-1)\beta-1+\alpha-\beta\right)\left(\alpha+(n+\alpha-1)\beta-1+2(\alpha-\beta)\right)\\ \dots\left(\alpha+(n+\alpha-1)\beta-1+(n-2)(\alpha-\beta)\right)\left(\alpha+(n+\alpha-1)\beta-1+(n-1)(\alpha-\beta)\right)\\ \dots\left(\alpha+(n+\alpha-1)\beta-1+(n+\alpha-2)(\alpha-\beta)\right)q^{n+\alpha}\end{array}}{2.3.4\dots(n+\alpha)(\alpha-\beta)^{n+\alpha}(-p)^{\frac{(n+\alpha)\alpha-1}{\alpha-\beta}}}.$$

On voit ainsi que les facteurs

$$\left(\alpha+(n+\beta-1)\beta-1+\beta(\alpha-\beta)\right)\dots\left(\alpha+(n+\beta-1)\beta-1+(n+\beta-2)(\alpha-\beta)\right)$$

du terme $t_{n+\beta}$ sont identiques avec les facteurs

$$\left(\alpha+(n+\alpha-1)\beta-1\right)\dots\left(\alpha+(n+\alpha-1)\beta-1+(n-2)(\alpha-\beta)\right)$$

du terme $t_{n+\alpha}$, et que, par conséquent, on a

$$\frac{t_{n+\alpha}}{t_{n+\beta}} = \frac{\left((n+\beta)\alpha-1\right)\left((n+\beta)\alpha-1+\alpha-\beta\right)\dots\left((n+\beta)\alpha-1+(\alpha-1)(\alpha-\beta)\right)q^{\alpha-\beta}}{\begin{array}{c}(n+\beta+1)\dots(n+\alpha)\left(\alpha+(n+\beta-1)\beta-1\right)\left(\alpha+(n+\beta-1)\beta-1+\alpha-\beta\right)\dots\\ \left(\alpha+(n+\beta-1)\beta-1+(\beta-1)(\alpha-\beta)\right)(\alpha-\beta)^{\alpha-\beta}(-p)^{\alpha}\end{array}}$$

Or il est évident que pour les très-grandes valeurs de n, les α facteurs variables que contient le numérateur de cette expression tendent vers $n\alpha$, tandis que dans son dénominateur $\alpha - \beta$ facteurs convergent vers n, et β autres tendent vers $n\beta$. Donc

$$\lim \frac{t_{n+\alpha}}{t_{n+\beta}} = \frac{\alpha^{\alpha} q^{\alpha - \beta}}{\beta^{\beta} (\alpha - \beta)^{\alpha - \beta} (-p)^{\alpha}},$$

et, par suite

$$\lim \frac{t_{n+1}}{t_n} = \frac{q}{\alpha - \beta} \left(\frac{\alpha^{\alpha}}{\beta^{\beta} (-p)^{\alpha}} \right)^{\frac{1}{\alpha - \beta}}.$$

Le développement que représente la formule (B) sera donc convergent lorsqu'on aura

$$\text{mod} \frac{q}{\alpha - \beta} \left(\frac{\alpha^{\alpha}}{\beta^{\beta} (- p)^{\alpha}} \right)^{\frac{1}{\alpha - \beta}} < 1;$$

ce que l'on savait déjà par ce qui précède ; et comme cette formule ne saurait fournir des termes nuls, on aura

$$R_{n+1} < \frac{t_{n+1}}{1 \mp \text{mod} \dfrac{q}{\alpha - \beta} \left(\dfrac{\alpha^{\alpha}}{\beta^{\beta} (- p)^{\alpha}} \right)^{\frac{1}{\alpha - \beta}}}.$$

On prendra cette expression avec le signe inférieur dans son dénominateur, lorsque les termes de la série seront alternativement positifs et négatifs.

8. Enfin, quand on applique un raisonnement semblable à la formule (C) et qu'on cherche à déterminer la limite du rapport $\dfrac{t_{n+1}}{t_n}$

au moyen de celle du produit $\dfrac{t_{n+\beta}}{t_n}$, on trouve que les facteurs

$$(n\alpha - \beta + 1)\ldots\big(n\alpha - (n - \alpha + \beta - 1)\beta + 1\big)$$

du terme

$$t_n = \frac{(n\alpha - \beta + 1)(n\alpha - 2\beta + 1)\ldots\big(n\alpha - (n-\alpha+\beta-1)\beta+1\big)\big(n\alpha - (n-\alpha+\beta)\beta+1\big)}{2.3.4\ldots n\beta^n p^{\frac{n\alpha+1}{\beta}}}\cdots\big(n\alpha - (n-1)\beta+1\big)(-q)^{\frac{n(\alpha-\beta)+1}{\beta}}$$

sont identiques avec les facteurs

$$\big((n+\beta)\alpha - (\alpha+1)\beta+1\big)\ldots\big((n+\beta)\alpha - (n+\beta-1)\beta+1\big)$$

du terme

$$t_{n+\beta} = \frac{\big((n+\beta)\alpha-\beta+1\big)\big((n+\beta)\alpha-2\beta+1\big)\ldots\big((n+\beta)\alpha-\alpha\beta+1\big)\big((n+\beta)\alpha-(\alpha+1)\beta+1\big)}{2.3.4\ldots(n+\beta)\beta^{n+\beta}p^{\frac{(n+\beta)\alpha+1}{\beta}}}\cdots\big((n+\beta)\alpha-(n+\beta-1)\beta+1\big)(-q)^{\frac{(n+\beta)(\alpha-\beta)+1}{\beta}}$$

On a donc

$$t_{n+\beta} = \frac{\big((n+\beta)\alpha-\beta+1\big)\big((n+\beta)\alpha-2\beta+1\big)\ldots\big((n+\beta)\alpha-\alpha\beta+1\big)(-q)^{\alpha-\beta}}{(n+1)\ldots(n+\beta)\big(n(\alpha-\beta)+(\alpha-\beta)\beta+1\big)\ldots\big(n(\alpha-\beta)+\beta+1\big)\beta^\beta p^\alpha};$$

et comme le numérateur de cette expression contient α facteurs qui tendent vers $n\alpha$, tandis que dans son dénominateur β facteurs convergent vers n et $\alpha - \beta$ autres tendent vers $n(\alpha - \beta)$ lorsqu'on attribue à n des valeurs de plus en plus grandes, on conclut

$$\lim \frac{t_{n+\beta}}{t_n} = \frac{\alpha^\alpha(-q)^{\alpha-\beta}}{(\alpha-\beta)^{\alpha-\beta}\beta^\beta p^\alpha}.$$

$$\lim \frac{t_{n+1}}{t_n} = \left(-\frac{q}{\alpha-\beta}\right)^{\frac{\alpha-\beta}{\alpha}} \left(\frac{\alpha^\alpha}{\beta^\beta p^\alpha}\right)^{\frac{1}{\beta}}.$$

On voit d'ailleurs que l'expression

$$\mathrm{mod} \left(-\frac{q}{\alpha-\beta}\right)^{\frac{\alpha-\beta}{\beta}} \left(\frac{\alpha^\alpha}{\beta^\beta p^\alpha}\right)^{\frac{1}{\beta}} < 1$$

donne pour la formule (C) la même condition de convergence qu'on a pour celle (B); ce qui devait nécessairement avoir lieu, parce que ces deux formules prennent leur origine dans la même relation supposée entre les paramètres p et q.

La limite du reste est ici simplement

$$R_{n+1} < \frac{t_{n+1}}{1 \mp \mathrm{mod}\left(-\dfrac{q}{\alpha-\beta}\right)^{\frac{\alpha-\beta}{\beta}} \left(\dfrac{\alpha^\alpha}{\beta^\beta p^\alpha}\right)^{\frac{1}{\beta}}};$$

car la formule ne fournit pas de termes nuls.

9. Les formules (B) et (C) employées conjointement donneront toutes les racines de l'équation (5).

Pour cela, il suffit de mettre successivement dans la formule (B), à la place de $(-p)^{\frac{1}{\alpha-\beta}}$, toutes les valeurs qu'admet l'expression

$$(-p)^{\frac{1}{\alpha-\beta}} \left(\cos\frac{2k\pi}{\alpha-\beta} + \sqrt{-1}\sin\frac{2k\pi}{\alpha-\beta}\right),$$

et dans la formule (C), à la place de $\left(-\dfrac{q}{p}\right)^{\frac{1}{\beta}}$, toutes celles que comporte l'expression

$$\left(-\frac{q}{p}\right)^{\frac{1}{\beta}} \left(\cos\frac{2k\pi}{\beta} + \sqrt{-1}\sin\frac{2k\pi}{\beta}\right).$$

D'où il suit que dans le cas auquel répondent ces deux formules, le nombre et la nature des racines de l'équation (5) sont déterminés par le nombre de valeurs réelles et imaginaires qu'offre le couple

$$(-p)^{\frac{1}{\alpha-\beta}} + \left(-\frac{q}{p}\right)^{\frac{1}{\beta}}.$$

Cette équation aura donc, dans l'hypothèse actuelle :

1° Toutes ses racines imaginaires si α est pair, β pair, p et q positifs ;

2° Une racine réelle

(a) Si α est impair, β pair, p et q de même signe ;

(b) Si α est impair, β impair, p positif et q quelconque ;

3° Deux racines réelles

(a) Si α est pair, β pair, q négatif et p quelconque ;

(b) Si α est pair, β impair, p et q quelconques ;

4° Trois racines réelles

(a) Si α est impair, β pair, p et q de signes contraires,

(b) Si α est impair, β impair, p négatif, q quelconque ;

5° Quatre racines réelles si α est pair, β pair, p négatif et q positif.

EXEMPLES.

1° Équation donnée :

$$x^5 - px + q = 0,$$
$$\frac{p^5}{5^5} > \frac{q^4}{4^4}.$$

Première racine réelle positive

$$x = p^{\frac{1}{4}} - \frac{q}{4p^{\frac{4}{4}}} - \frac{5q^2}{2.4^2p^{\frac{9}{4}}} - \frac{6.10q^3}{2.3.4^3p^{\frac{14}{4}}} - \frac{7.11.15q^4}{2.3.4.4^4p^{\frac{19}{4}}} - \frac{8.12.16.20q^5}{2.3.4.5.4^5p^{\frac{24}{4}}}$$

$$- \ldots - \frac{(n+3)(n+7)(n+11)\ldots(5n-5)q^n}{2.3.4\ldots n4^np^{\frac{5n-1}{4}}} - \ldots$$

Deuxième racine réelle négative

$$x = -p^{\frac{1}{4}} - \frac{q}{4p^{\frac{4}{4}}} + \frac{5q^2}{2.4^2 p^{\frac{9}{4}}} - \frac{6.10q^3}{2.3.4^3 p^{\frac{14}{4}}} + \frac{7.11.15q^4}{2.3.4.4^4 p^{\frac{19}{4}}} - \frac{8.12.16.20q^5}{2.3.4.5.4^5 p^{\frac{24}{4}}}$$

$$+ \ldots \pm \frac{(n+3)(n+7)(n+11)\ldots(5n-5)q^n}{2.3.4\ldots n 4^n p^{\frac{5n-1}{4}}} \mp \ldots$$

Troisième racine réelle positive

$$x = \frac{q}{p} + \frac{q^5}{p^6} + \frac{10q^9}{2p^{11}} + \frac{15.14q^{13}}{2.3p^{16}} + \frac{20.19.18.q^{17}}{2.3.4p^{21}} + \frac{25.24.23.22q^{21}}{2.3.4.5p^{26}}$$

$$+ \ldots + \frac{5n(5n-1)(5n-2)\ldots(4n+2)q^{4n+1}}{2.3.4\ldots np^{5n+1}} + \ldots$$

2° Équation donnée

$$x^7 + px^3 + q = 0,$$

$$\frac{p^7}{7^7} > \frac{q^4}{3^3 4^4}.$$

Racine réelle unique

$$x = -\frac{q^{\frac{1}{3}}}{p^{\frac{1}{3}}} + \frac{q^{\frac{5}{3}}}{3p^{\frac{8}{3}}} - \frac{12q^{\frac{9}{3}}}{2.3^2 p^{\frac{15}{3}}} + \frac{19.16q^{\frac{13}{3}}}{2.3.3^3 p^{\frac{22}{3}}} - \frac{26.23.20q^{\frac{17}{3}}}{2.3.4.3^4 p^{\frac{29}{3}}} + \frac{33.30.27.24q^{\frac{21}{3}}}{2.3.4.5.3^5 p^{\frac{36}{3}}}$$

$$- \ldots \pm \frac{(7n-2)(7n-5)(7n-8)\ldots(4n-4)q^{\frac{4n+1}{3}}}{2.3.4\ldots n3^n p^{\frac{7n+1}{3}}} \mp \ldots$$

10. Il résulte de ce qui précède que les relations numériques

$$\frac{(-\beta)^\beta(\alpha-\beta)^{\alpha-\beta}p^\alpha}{\alpha^\alpha(-q)^{\alpha-\beta}} < 1$$

et

$$\frac{\alpha^\alpha q^{\alpha-\beta}}{\beta^\beta(\alpha-\beta)^{\alpha-\beta}(-p)^\alpha} < 1$$

déterminent deux systèmes d'équations trinômes essentiellement différents, et que dans le cas particulier où elles cessent de subsister, l'équation (5) peut avoir des racines multiples.

Mais pour qu'il en soit réellement ainsi, il faut de plus que, dans les
égalités algébriques

$$p = \left(\frac{\alpha^\alpha (-q)^{\alpha-\beta}}{(-\beta)^\beta (\alpha-\beta)^{\alpha-\beta}} \right)^{\frac{1}{\alpha}}$$

$$q = \left(\frac{\beta^\beta (\alpha-\beta)^{\alpha-\beta} (-p)^\alpha}{\alpha^\alpha} \right)^{\frac{1}{\alpha-\beta}}$$

qui doivent être satisfaites en même temps, les seconds membres soient
réels. Ces conditions étant remplies, on trouvera la racine multiple de
l'équation (5) dans sa dérivée

$$x^{\alpha-\beta} + \frac{\beta p}{\alpha} = 0.$$

11. Il nous reste donc à pourvoir au développement des racines qui
conservent des valeurs distinctes lors même que les modules de p et q
offrent la relation qui introduit une racine multiple dans l'équation (5);
et, à cet effet, nous allons rechercher ce que deviennent les formules (A)
(B) et (C) lorsque dans ces formules le rapport de deux termes consécutifs tend vers l'unité.

Elles formeront des séries convergentes si nous trouvons que dans

$$\frac{t_{n+1}}{t_n} = 1 - \frac{\Theta}{n} + \frac{\omega}{n^2} - \dots$$

la quantité Θ est plus grande que l'unité. Mais je partirai des rapports

$$\frac{t_{n+\alpha}}{t_n}, \quad \frac{t_{n+\alpha}}{t_{n+\beta}}, \quad \frac{t_{n+\beta}}{t_n},$$

afin de profiter des calculs déjà effectués; et comme en général prenant

$$\frac{t_{n+\gamma}}{t_{n+\delta}}$$

au lieu de $\dfrac{t_{n+1}}{t_n}$, il vient

$$\frac{t_{n+\gamma}}{t_{n+\delta}} = 1 - \frac{(\gamma - \delta)\Theta}{n} + \frac{\varepsilon}{n^2} - \ldots,$$

nous n'aurons qu'à diviser par la différence des indices les résultats obtenus.

12. On a trouvé

$$\lim \frac{t_{n+\alpha}}{t_n} = \frac{(-\beta)^\beta (\alpha - \beta)^{\alpha - \beta} p^\alpha}{\alpha^\alpha (-q)^{\alpha - \beta}}$$

dans la formule (A); et, puisque dans le cas actuel

$$\frac{(-\beta)^\beta (\alpha - \beta)^{\alpha - \beta} p^\alpha}{\alpha^\alpha (-q)^{\alpha - \beta}} = \pm 1,$$

il faut faire

$$\frac{p^\alpha}{\alpha^\alpha (-q)^{\alpha - \beta}} = \frac{1}{(-\beta)^\beta (\alpha - \beta)^{\alpha - \beta}},$$

dans le rapport $\dfrac{t_{n+\alpha}}{t_n}$; et l'on a ainsi

$$\frac{t_{n+\alpha}}{t_n} = \frac{\big(-n\beta - (\beta - 1)\alpha - 1\big)\ldots\big(-n\beta - 1\big)\big(n(\alpha - \beta) - 1\big)\ldots\big(n(\alpha - \beta) + (\alpha - \beta - 1)\alpha - 1\big)}{(n + 1)(n + 2)\ldots(n + \alpha)(-\beta)^\beta (\alpha - \beta)^{\alpha - \beta}},$$

Les deux facteurs

$$\big(-n\beta - (\beta - 1)\alpha - 1\big)\big(-n\beta - (\beta - 2)\alpha - 1\big)\ldots\big(-n\beta - 1\big)$$
$$= (-\beta)^\beta n^\beta + (-\beta)^\beta \left(\frac{(\beta - 1)\alpha}{2} + 1\right) n^{\beta - 1} + Q n^{\beta - 2} + \ldots$$

$$\big(n(\alpha - \beta) - 1\big)\big(n(\alpha - \beta) + \alpha - 1\big)\ldots\big(n(\alpha - \beta) + (\alpha - \beta - 1)\alpha - 1\big)$$
$$= (\alpha - \beta)^{\alpha - \beta} n^{\alpha - \beta} + (\alpha - \beta)^{\alpha - \beta}\left(\frac{(\alpha - \beta - 1)\gamma}{2} - 1\right) n^{\alpha - \beta - 1} + R n^{\alpha - \beta - 2} + \ldots$$

donnent le produit

$$(-\beta)^\beta(\alpha-\beta)^{\alpha-\beta}n^\alpha + (-\beta)^\beta(\alpha-\beta)^{\alpha-\beta}\frac{(\alpha-2)\alpha}{2}n^{\alpha-1} + Sn^{\alpha-2} + \dots$$

qui forme le numérateur de la fraction ci-dessus ; et en le divisant par le dénominateur

$$(n+1)(n+2)\dots(n+\alpha)(-\beta)^\beta(\alpha-\beta)^{\alpha-\beta}$$
$$= (-\beta)^\beta(\alpha-\beta)^{\alpha-\beta}n^\alpha + (-\beta)^\beta(\alpha-\beta)^{\alpha-\beta}\frac{(\alpha+1)\alpha}{2}n^{\alpha-1} + Pn^{\alpha-2} + \dots,$$

on obtient

$$\frac{t_{n+\alpha}}{t_n} = 1 - \frac{3\alpha}{2n} + \frac{T}{n^2} - \dots$$

Donc

$$\Theta = \frac{3}{2} > 1 ;$$

donc la série (A) est convergente pour

$$\frac{(-\beta)^\beta(\alpha-\beta)^{\alpha-\beta}p^\alpha}{\alpha^\alpha(-q)^{\alpha-\beta}} = \pm 1.$$

13. Dans la formule (B), on a

$$\lim\frac{t_{n+\alpha}}{t_{n+\beta}} = \frac{\alpha^\alpha q^{\alpha-\beta}}{\beta^\beta(\alpha-\beta)^{\alpha-\beta}(-p)^\alpha} ;$$

et lorsqu'on suppose

$$\frac{\alpha^\alpha q^{\alpha-\beta}}{\beta^\beta(\alpha-\beta)^{\alpha-\beta}(-p)^\alpha} = \pm 1,$$

ce qui entraîne

$$\frac{q^{\alpha-\beta}}{(\alpha-\beta)^{\alpha-\beta}(-p)^\alpha} = \frac{\beta^\beta}{\alpha^\alpha},$$

il vient

$$\frac{t_{n+\alpha}}{t_{n+\beta}} = \frac{\big((n+\beta)\alpha-1\big)\ldots\big((n+\beta)\alpha-1+(\alpha-1)(\alpha-\beta)\big)\beta^\beta}{(n+\beta+1)\ldots(n+\alpha)\big(\alpha+(n+\beta-1)\beta-1\big)\ldots\big(\alpha+(n+\beta-1)\beta-1+(\beta-1)(\alpha-\beta)\big)\alpha^\alpha}.$$

Le numérateur

$$\big((n+\beta)\alpha-1\big)\big((n+\beta)\alpha-1+\alpha-\beta\big)\ldots\big((n+\beta)\alpha-1+(\alpha-1)(\alpha-\beta)\big)\beta^\beta$$
$$=\alpha^\alpha\beta^\beta n^\alpha+\left(\frac{(\alpha-\beta)(\alpha-1)}{2}+\alpha\beta-1\right)\alpha^\alpha\beta^\beta n^{\alpha-1}+\mathrm{S}n^{\alpha-2}+\ldots$$

de cette fraction, divisé par le dénominateur

$$\alpha^\alpha\beta^\beta n^\alpha+\left(\frac{(\alpha-\beta)\alpha}{2}+(\alpha-1)(\beta+1)\right)\alpha^\alpha\beta^\beta n^{\alpha-1}+\mathrm{R}n^{\alpha-2}+\ldots$$

que fournit la multiplication effective des deux facteurs

$$\alpha^\alpha(n+\beta+1)(n+\beta+2)\ldots(n+\alpha)=\alpha^\alpha n^{\alpha-\beta}+\frac{(\alpha-\beta)(\alpha+\beta+1)}{2}\alpha^\alpha n^{\alpha-\beta-1}+\mathrm{P}n^{\alpha-\beta-2}+\ldots$$

et

$$\big(\alpha+(n+\beta-1)\beta-1\big)\big(\alpha+(n+\beta-1)\beta-1+\alpha-\beta\big)$$
$$\ldots\big(\alpha+(n+\beta-1)\beta-1+(\beta-1)(\alpha-\beta)\big)$$
$$=\beta^\beta n^\beta+\frac{(\alpha-\beta-2)(\beta+1)}{2}\beta^\beta n^{\beta-1}+\mathrm{Q}n^{\beta-2}+\ldots,$$

donne

$$\frac{t_{n+\alpha}}{t_{n+\beta}}=1-\frac{3(\alpha-\beta)}{2n}+\frac{\mathrm{T}}{n^2}-\ldots$$

Donc

$$\theta=\frac{3}{2}>1;$$

donc la formule (B) est convergente pour

$$\frac{\alpha^\alpha q^{\alpha-\beta}}{\beta^\beta(\alpha-\beta)^{\alpha-\beta}(-p)^\alpha}=\pm1.$$

14. Enfin on a

$$\lim \frac{t_{n+\beta}}{t_n} = \frac{\alpha^\alpha(-q)^{\alpha-\beta}}{(\alpha-\beta)^{\alpha-\beta}\beta^\beta p^\alpha}$$

dans la formule (C); et lorsque dans $\dfrac{t_{n+\beta}}{t_n}$ on fait

$$\frac{(-q)^{\alpha-\beta}}{\beta^\beta p^\alpha} = \frac{(\alpha-\beta)^{\alpha-\beta}}{\alpha^\alpha},$$

par suite de la supposition

$$\frac{\alpha^\alpha(-q)^{\alpha-\beta}}{(\alpha-\beta)^{\alpha-\beta}\beta^\beta\alpha^\alpha} = \pm 1,$$

il en résulte

$$\frac{t_{n+\beta}}{t_n} = \frac{\big((n+\beta)\alpha-\beta+1\big)\dots\big((n+\beta)\alpha-\alpha\beta+1\big)(\alpha-\beta)^{\alpha-\beta}}{(n+1)\dots(n+\beta)\big(n(\alpha-\beta)+(\alpha-\beta)\beta+1\big)\dots\big(n(\alpha-\beta)+\beta+1\big)\alpha^\alpha}.$$

Dans le numérateur de cette fraction, on a

$$\big((n+\beta)\alpha-\beta+1\big)\big((n+\beta)\alpha-2\beta+1\big)\dots\big((n+\beta)\alpha-\alpha\beta+1\big)(\alpha-\beta)^{\alpha-\beta}$$

$$= (\alpha-\beta)^{\alpha-\beta}\alpha^\alpha n^\alpha + (\alpha-\beta)^{\alpha-\beta}\alpha^\alpha\left(\frac{(\alpha-1)\beta}{2}+1\right)n^{\alpha-1} + Sn^{\alpha-2}+\dots$$

Or les deux facteurs

$$\alpha^\alpha(n+1)(n+2)\dots(n+\beta) = \alpha^\alpha n^\beta + \alpha^\alpha\frac{\beta(\beta+1)}{2}n^{\beta-1} + Pn^{\beta-2}+\dots,$$

$$\big(n(\alpha-\beta)+(\alpha-\beta)\beta+1\big)\big(n(\alpha-\beta)+(\alpha-\beta-1)\beta+1\big)\dots\big(n(\alpha-\beta)+\beta+1\big)$$

$$= (\alpha-\beta)^{\alpha-\beta}n^{\alpha-\beta} + (\alpha-\beta)^{\alpha-\beta}\left(\frac{(\alpha-\beta+1)\beta}{2}+1\right)n^{\alpha-\beta-1} + Qn^{\alpha-\beta-2}+\dots,$$

du dénominateur, donnent le produit

$$\alpha^\alpha(\alpha-\beta)^{\alpha-\beta}n^\alpha + \alpha^\alpha(\alpha-\beta)^{\alpha-\beta}\left(\frac{(\alpha+2)\beta}{2}+1\right)n^{\alpha-1}+\mathrm{R}n^{\alpha-2}+\dots;$$

et en effectuant la division, on obtient

$$\frac{t_{n+\beta}}{t_n}=1-\frac{3\beta}{2n}+\frac{\mathrm{T}}{n^2}-\dots.$$

Donc

$$\Theta=\frac{3}{2}>1;$$

donc la formule (C) est convergente pour

$$\frac{\alpha^\alpha(-q)^{\alpha-\beta}}{(\alpha-\beta)^{\alpha-\beta}\beta^\beta p^\alpha}=\pm 1.$$

15. Ainsi les trois formules (A), (B) et (C) demeurent applicables au développement des valeurs singulières qu'acquiert la fonction x au moment où l'équation (5) passe de l'un dans l'autre des deux systèmes qu'elle comporte.

La nature de la racine indique alors la formule au moyen de laquelle le développement peut être effectué. Mais, en général, on aura ici deux formules applicables à un même développement. On se servira de celle qui donne une série plus convergente.

Dans le cas

$$\frac{p^9}{9^9}=\frac{q^8}{8^8}$$

la racine réelle unique de l'équation

$$x^9+px+q=0$$

se développe par la formule (C), comme il suit

$$x = -\frac{8^{\frac{8}{9}}q^{\frac{1}{9}}}{9}\left(1 - \frac{8^8}{9^9} + \frac{18.8^{16}}{2.9^{18}} - \frac{27.26.8^{24}}{2.3.9^{27}} + \frac{36.35.34.8^{32}}{2.3.4.9^{36}}\right.$$

$$\left. - \frac{45.44.43.42.8^{40}}{2.3.4.5.9^{45}} + \dots \quad \pm \frac{9n(9n-1)(9n-2)\dots(8n+2)8^{9n}}{2.3.4\dots n9^{9n}} \mp \dots\right)$$

La formule (A) donne un résultat moins simple et moins convergent.

16. Concluons que, dans tous les cas qui peuvent se présenter, on résoudra l'équation

$$x^\alpha + px^\beta + q = 0$$

au moyen des formules (A) ou (B) et (C).

Lorsque dans les applications on obtiendra une série convergeant très-lentement, on parfera le calcul par voie de substitutions successives.

Il suffit pour cela de mettre l'équation sous la forme qui définit la racine développée et de prendre pour première valeur approchée une expression dont le développement reproduise les deux ou trois premiers termes de la formule correspondante, et donne en même temps une partie de la valeur de ceux qui les suivent.

Ainsi, les racines du premier système sont définies généralement par

$$x = (-q - px^\beta)^{\frac{1}{\alpha}};$$

et si $x_{\text{\tiny I}}$ est la première valeur approchée, l'opération consiste à calculer successivement

$$x_{\text{\tiny II}} = (-q - px_{\text{\tiny I}}^\beta)^{\frac{1}{\alpha}}$$

$$x_{\text{\tiny III}} = (-q - px_{\text{\tiny II}}^\beta)^{\frac{1}{\alpha}}$$

$$\dots \dots \dots \dots \dots$$

Pour les racines du second système développables par la formule (B), on posera

$$x = \left(-p - \frac{q}{x^\beta} \right)^{\frac{1}{\alpha - \beta}}$$

et l'on calculera ensuite

$$x_{\prime\prime} = \left(-p - \frac{q}{x_{\prime}^\beta} \right)^{\frac{1}{\alpha - \beta}}$$

. . . .

$x_{\prime}$ désignant toujours la première valeur approchée.

Les autres racines du même système développables par la formule (C), étant représentées par

$$x = \left(-\frac{q}{p} - \frac{x^\alpha}{p} \right)^{\frac{1}{\beta}},$$

on fera

$$x_{\prime\prime} = \left(-\frac{q}{p} - \frac{x_{\prime}^\alpha}{p} \right)^{\frac{1}{\beta}}$$

. . . .

Les expressions de $x_{\prime}$ peuvent être établies de différentes manières. Les suivantes reproduisent les trois premiers termes des formules respectives et se développent en séries lors même que les nombres β et $\alpha - \beta$ sont des unités. Celle

$$x_{\prime} = (-q)^{\frac{1}{\alpha}} \left(1 - \frac{p}{(-q)^{\frac{\alpha-\beta}{\alpha}}} + \frac{\beta p^2}{\alpha(-q)^{\frac{2(\alpha-\beta)}{\alpha}}} \right)^{\frac{1}{\alpha}}$$

appartient à la formule (A); cette autre

$$x_1 = (-p)^{\frac{1}{\alpha-\beta}} \left(1 - \frac{(\alpha+\beta)q}{(\alpha-\beta)(-p)^{\frac{\alpha}{\alpha-\beta}}} \right)^{\frac{1}{\alpha+\beta}}$$

à la formule (B), et celle-ci

$$x_{\text{\tiny I}} = \left(-\frac{q}{p}\right)^{\frac{1}{\beta}} \frac{1}{\left(1 + \frac{2\alpha - \beta}{\beta p}\left(-\frac{q}{p}\right)^{\frac{\alpha-\beta}{\beta}}\right)^{\frac{1}{2\alpha-\beta}}}$$

à la formule (C).

Prenons pour exemple l'équation

$$x^3 - 7x + 6 = 0$$

dont les trois racines réelles sont $x = 1$, $x = 2$ et $x = -3$.

Le développement de la racine $x = 1$, opéré par la formule (C), est le suivant

$$x = \frac{6}{7} + \frac{6^3}{7^4} + \frac{6 \cdot 6^5}{2 \cdot 7^7} + \frac{9 \cdot 8 \cdot 6^7}{2 \cdot 3 \cdot 7^{10}} + \frac{12 \cdot 11 \cdot 10 \cdot 6^9}{2 \cdot 3 \cdot 4 \cdot 7^{13}} + \dots;$$

et ses cinq premiers termes donnent

$$x = 0{,}993042\dots$$

La série est donc suffisamment convergente.

Maintenant, on a ici

$$x_{\text{\tiny I}} = \frac{6}{7} \frac{1}{\left(1 - \frac{5}{7} \cdot \frac{6^2}{7^2}\right)^{\frac{1}{6}}} = 0{,}994659\dots$$

et après deux substitutions qui répondent aux cinq termes ci-dessus, il vient

$$x_{\text{\tiny III}} = 0{,}999025,$$

ce qui n'avance pas beaucoup la détermination de la racine.

Il n'en est pas de même de la série

$$x = 7^{\frac{1}{2}} - \frac{6}{2.7} - \frac{3.6^2}{2.2^2.7^{\frac{5}{2}}} - \frac{4.6.6^3}{2.3.2^3.7^4} - \frac{5.7.9.6^4}{2.3.4.2^4.7^{\frac{11}{2}}} - \frac{6.8.10.12.6^5}{2.3.4.5.2^5.7^7} - \ldots$$

qui exprime la racine $x = 2$, développée par la formule (B).

Au moyen de ses six premiers termes, on trouve

$$x = 2.029994$$

tandis qu'en partant de

$$x_1 = 7^{\frac{1}{2}} \left(1 - \frac{4.6}{2.7^{\frac{3}{2}}} \right)^{\frac{1}{4}} = 2,037992\ldots$$

on a déjà à la troisième substitution

$$x_{\text{IV}} = 2,001935\ldots.$$

En ce qui concerne celle

$$x = -7^{\frac{1}{2}} - \frac{6}{2.7} + \frac{3.6^2}{2.2^2.7^{\frac{5}{2}}} - \frac{4.6.6^3}{2.3.2^3.7^4} + \frac{5.7.9.6^4}{2.3.4.2^4.7^{\frac{11}{2}}} - \frac{6.8.10.12.6^5}{2.3.4.5 \; 2^5.7^7} + \ldots$$

que donne la même formule pour le développement de la racine négative $x = -3$, la somme de ses six premiers termes étant

$$x = -3,005424\ldots$$

on n'a évidemment nul besoin de recourir aux substitutions. Cependant quand on fait

$$x_1 = -7^{\frac{1}{2}} \left(1 + \frac{4.6}{2.7^{\frac{3}{2}}} \right)^{\frac{1}{4}} = -2,997666\ldots.$$

à la troisième substitution, on obtient

$$x_{\mathrm{iv}} = -\, 3,000006\ldots$$

Les opérations que nécessitent les substitutions dont nous venons de faire usage, sont moins simples que le calcul direct de la série. On trouvera donc très-souvent que ce dernier, lors même qu'il exige plus d'écriture, est encore plus expéditif.

Il importe d'ailleurs de ne pas juger par la marche des trois développements ci-dessus, du caractère général des résultats que donne l'application des formules (A), (B) et (C); car pour faire voir le parti qu'on peut tirer des substitutions, il a bien fallu se servir d'un cas qui ne fournît pas des séries très-convergentes.

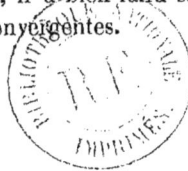

FIN.

1333 — Paris. — Imprimerie Cusset et Cᵉ, rue Racine, 26.

PARIS — IMPRIMERIE CUSSET ET Cᵉ. RUE RACINE. 26.

www.ingramcontent.com/pod-product-compliance
Lightning Source LLC
Chambersburg PA
CBHW071411200326
41520CB00014B/3389